Toni Börner

Vormittelalterliche Landnutzung und Landschaftwandel in Mitteleuropa

am Beispiel der Bandkeramiker und der Römer

GRIN Verlag

Bibliografische Information der Deutschen Nationalbibliothek:

Die Deutsche Bibliothek verzeichnet diese Publikation in der Deutschen National-bibliografie; detaillierte bibliografische Daten sind im Internet über http://dnb.d-nb.de/ abrufbar.

Impressum:

Copyright © 2008 GRIN Verlag GmbH
Druck und Bindung: Books on Demand GmbH, Norderstedt Germany
ISBN: 978-3-640-24509-3

Dieses Buch bei GRIN:

http://www.grin.com/de/e-book/120281/vormittelalterliche-landnutzung-und-landschaftwandel-in-mitteleuropa

Ruprecht-Karls-Universität Heidelberg

Geographisches Institut

Sommersemester 2008

PS Landschaftsgeschichte von Mitteleuropa

Vormittelalterliche Landnutzung und Landschaftswandel

in Mitteleuropa am Beispiel der Bandkeramiker und der Römer

Verfasser: Toni Börner

Fächerkombination: Geschichte: 10. Semester

Politische Wissenschaft: 8. Semester

Geographie: 5. Semester

Abschlussziel: Staatsexamen

Inhaltsverzeichnis

1. Einleitung

Einen Bericht des Bundesamtes für Natur zufolge wurden in Deutschland zwischen 2003 und 2006 täglich im Schnitt 113 ha für Siedlungs- und Verkehrsprojekte neu in Anspruch genommen[1]. Der Mensch greift also enorm stark in seine Umwelt ein und verändert sie seinen vermeintlichen Bedürfnissen entsprechend. Aber nicht nur heutzutage verändert und wandelt die Menschheit ihre Umwelt. Schon weit vor unserer Zeitrechnung haben wir uns den Planeten Untertan gemacht und die natürlichen Gegebenheiten unseren Vorstellungen entsprechend verändert. Im Rahmen dieser Arbeit wird gezeigt, wie der Mensch in vormittelalterlicher Zeit die Landschaft Mitteleuropas genutzt und wie er sie gewandelt hat.

Um diesen Aspekt genauer zu betrachten, wird diese Arbeit zuerst den untersuchten Raum Mitteleuropa und die Zeitspanne der Untersuchung näher eingrenzen. Darauf folgend wird ein kurzer Methodenüberblick geliefert, wie wir heutzutage vormittelalterliche Landschaften und deren Nutzung durch den Menschen rekonstruieren können. Anschließend soll anhand von zwei in diesem Raum siedelnden Kulturen die Art der Landnutzung und damit verbunden des Landschaftswandels näher beleuchtet werden. Dabei handelt es sich im Einzelnen um die Bandkeramiker, die ersten Bauern Europas und um die Römer, sozusagen als vorläufigen Höhepunkt der Landschaftsveränderung in vormittelalterlicher Zeit. Der Fokus wird dabei vor allem auf die landwirtschaftlichen Fähigkeiten dieser Völker sowie auf die Art und Weise, wie sie in die Landschaft eingegriffen haben, gelegt werden. Danach werden die anthropogenen Veränderungen der Landschaft in Mitteleuropa in vormittelalterlicher Zeit als Ganzes betrachtet. Zum Schluss werden die Ergebnisse dieser Arbeit zusammengefasst.

Diese Arbeit folgt von ihrer Konzeption her einen interdisziplinären Ansatz. Die für diese Arbeit relevante Literatur trägt diesem Umstand Rechnung. Maßgeblich waren zum einen klassische geographische Arbeiten, so zum Beispiel von Bork und Küster. Darüber hinaus haben sich aber auch archäologische und geschichtliche Werke als überaus hilfreich erwiesen. Sehr anregend, aufgrund fehlender Belege aber auch nur in begrenztem Maße für eine wissenschaftliche Arbeit verwendbar, ist das Buch von Ponting, welches die Geschichte der Menschheit als eine Geschichte der Umweltveränderung und –zerstörung beschreibt.

1. 1. Räumliche Eingrenzung

Um die Landnutzung und den Landschaftswandel Mitteleuropas beschreiben zu können, ist es unabdingbar, den betrachteten Raum näher einzugrenzen. Die Frage, was eigentlich

---

[1] Vgl. BfN: Daten, S. 5.

Mitteleuropa ist, soll im Rahmen dieser Arbeit recht grobschlächtig mit den ungefähren heutigen Ländergrenzen von Deutschland, Österreich und der Schweiz sowie von Teilen Polens umschrieben werden. Der Betrachtungsraum erstreckt sich also ungefähr zwischen dem 6. und dem 20. Längengrad sowie zwischen dem 54. und dem 46. Breitengrad.

1. 2.   Zeitliche Eingrenzung

In der Geschichtswissenschaft sind Epochengrenzen in der Regel fließend, das heißt es gibt nicht das eine Datum, welches den Übergang von der Antike zum Mittelalter oder vom Mittelalter zur Neuzeit darstellt. Meist ist es eine Reihe von Ereignissen, die Zusammengenommen das Ende einer Epoche ankündigt und eine neue einläutet. Da das Thema dieser Arbeit die vormittelalterliche Landnutzung ist, ist das Ende des Betrachtungszeitraumes im Ausklingen der Antike und am Beginn des Mittelalters zu suchen.

In der Regel wird das Ende der Antike in Mitteleuropa mit dem Untergang des weströmischen Reiches 476, der Zeit der sogenannten Völkerwanderung und schließlich mit dem Tod Theodorichs des Goten 526 in Verbindung gebracht. Der Betrachtungszeitraum dieser Arbeit endet somit im ausgehenden 5. und beginnenden 6. Jahrhundert. Schwieriger hingegen ist die Frage, wann der Betrachtungszeitraum beginnt. Anbieten würde sich zum Einen die Zeit, in der das römische Reich erstmals nach Mitteleuropa ausgriff, da wir seither schriftliche Quellen für diesen Raum zur Verfügung haben. Da es aber für die Rekonstruktion von Landnutzung und Landschaftswandel weit mehr Methoden als die Auswertung schriftlicher Quellen gibt, erscheint es mir sinnvoll, den Betrachtungszeitraum früher anzusetzen. Möglich wäre eine Betrachtung der Landnutzung seit dem Ende der vorerst letzten Eiszeit, der Würm- oder Weichseleiszeit vor ca. 18000 Jahren[2]. Da aber in dieser Zeit in Mitteleuropa vornehmlich Jäger und Sammlerkulturen vorherrschend waren, scheint mir eine Betrachtung sinnvoll, die mit der Ausbreitung der neolithischen Kultur und somit des frühesten nachgewiesenen Ackerbaus in Mitteleuropa von ca. 4500 v. Chr. beginnt[3]. Durch die Einführung des Ackerbaus trat der Mensch nämlich erstmals als die Landschaft formender Faktor in Erscheinung[4]. Somit erstreckt sich der Betrachtungszeitraum dieser Arbeit ungefähr von der Jungsteinzeit bis ca. 500 n. Chr.

---

[2] Vgl. Küster: Geschichte, S. 49.
[3] Vgl. ebd., S. 73. Siehe dazu auch Abbildung 1 dieser Arbeit.
[4] Vgl. Eberle: Süden, S. 149.

2. Methodenüberblick zur Rekonstruktion vormittelalterlicher Landnutzung

Um die Landnutzung des Menschen in vormittelalterlicher Zeit genauer zu untersuchen, bieten sich dem Geographen grundsätzlich zwei verschiedenen Quellenarten an: zum Einen die Schriftquellen und zum Anderen die Sachquellen.

Unter Schriftquellen versteht man einerseits alle schriftlich verfassten Belege wie Urkunden, Akten, historische und geographische Abrisse, wie zum Beispiel das Werk von Tacitus über das Land und die Stämme Germaniens, sowie auch Bilder, Karten und Ähnliches. Bei den Schriftquellen stehen wir allerdings vor zwei großen Problemen. Zum Einen ist der Großteil des hier betrachteten Abschnitts ein schriftloser Zeitraum[5]. Schriftliche Überlieferungen sind uns bei den hier betrachteten Völkern nur von den Römern überliefert. Das leitet auch gleich zum nächsten Problem über, nämlich der Intention des Verfassers. Gerade die Abhandlungen aus römischer Zeit, die sich mit fremden Kulturen und Lebensräumen befassen, sind in der Regel von politischen Motiven geleitet. Sie sollten entweder dazu dienen, die Eroberung eines Gebietes ideologisch und aus rein praktischem Nutzen vorzubereiten oder aber, wie bei Tacitus´ Germania, auf die Sinnlosigkeit dieses Unterfangens hinweisen. Darüber hinaus scheint Tacitus die Beschreibung der germanischen Sitten und Gebräuche auch dazu genutzt zu haben, den seiner Meinung nach verfallenen Sitten der Römer ein Gegenbild eines noch nicht durch Dekadenz verdorbenen Volkes entgegenzuhalten[6]. Dies macht es für den Geographen, wie auch für den Historiker, nötig, solche Texte quellenkritisch zu betrachten. Beachtet man allerdings Intention und andere unter Umständen verfälschende Eigenschaften dieser Texte, so bieten sie einen wahren Schatz an Informationen.

Sachquellen sind hingegen alle dreidimensionalen, mobilen und immobilen Gegenstände und Strukturen. Dazu gehören zum Beispiel bauliche Überreste von Straßen, Wällen, Gräbern und Städten wie auch das durch Landwirtschaft veränderte Mikrorelief der Landschaft. Problematisch ist hierbei häufig die zeitliche Zuordnung der Gegenstände und Strukturen, da oft zeitlich unterschiedlich entstandene Überreste neben- und übereinander liegen[7].

Diese Befunde zu sichten, zu bergen und sie anschließend zu interpretieren hat sich die geographische Teildisziplin der Geoarchäologie zur Aufgabe gemacht. Sie befasst sich mit den Wechselbeziehungen von Mensch und Umwelt und geht einerseits der Frage nach, vor

---

[5] Vgl. Dix und Schenk: Geographie, S. 818.
[6] Vgl. Wolfram, Germanen, S. 9.
[7] Vgl. Dix und Schenk: Geographie, S. 818.

welchem naturräumlichen Hintergrund sich die menschliche Kulturentwicklung abgespielt hat und andererseits, welchen Einfluss diese wiederrum auf den Naturraum ausgeübt hat[8].

Die Archäobotanik, ebenfalls eine interdisziplinäre Wissenschaft, erkundet Mensch-Umwelt-Beziehungen anhand der Untersuchung pflanzlicher Überreste, die beispielsweise bei archäologischen Ausgrabungen gefunden werden[9]. Darüber hinaus gibt es noch eine ganze Reihe anderer Teilwissenschaften, die sich diesem Thema widmen, die aber im Rahmen dieser Arbeit nicht näher behandelt werden.

3. Vormittelalterliche Kulturen in Mitteleuropa

Um etwas über die Landnutzung und den Landschaftswandel in Mitteleuropa herauszufinden, sollte vorher geklärt werden, welche Völker und Gruppen in dem betreffenden Gebiet gesiedelt haben. Da aber Migration, besonders in der vormittelalterlichen Zeit, ein essentieller Bestandteil der menschlichen Kultur ist, kann sich die Betrachtung im Rahmen dieser Arbeit nur punktuell mit einzelnen Völkern, die in dem hier betrachteten Zeitraum in Mitteleuropa gesiedelt haben, auseinander setzen. Im Folgenden sollen daher exemplarisch die Bandkeramiker als wohl erste Ackerbauern Mitteleuropas, sowie die Römer, deren ausgeprägte Kultur stark auf mitteleuropäisches Terrain abgefärbt hat, auch wenn sie selbst nur einen kleinen Teil des hier betrachteten Raumes besiedelt haben und die als der vorläufige Höhepunkt der Landschaftveränderung gesehen werden können, vorgestellt werden.

3. 1.   Die Bandkeramiker

Der Beginn der Jungsteinzeit, des Neolithikums, wird durch die Einführung des Ackerbaus und der Viehhaltung definiert. Diese verlief zeitlich sehr unterschiedlich in den verschiedenen Regionen der Erde. Während sich der Ackerbau im Nahen Osten schon vor ca. 10.000 Jahren durchsetzte[10], begann die sogenannte neolithische Revolution in Mitteleuropa um ca. 4500 v. Chr.[11]. Der Ackerbau veränderte zum Einen das Leben der ihn adaptierenden Völker, zum Anderen bewirkte er, dass sich Flora, Fauna und die Umwelt im Allgemeinen stark veränderten. Für die Menschen bedeutet er, dass sie sesshaft werden und die Vorratswirtschaft etablieren mussten. Die Domestikation von Tieren und Pflanzen bedeutete eine erste, gezielte

---

[8] Vgl. Brückner und Gerlach: Geoarchäologie, S. 513.

[9] Vgl. Zerl: Landwirtschaft, S. 41.

[10] Vgl. Bork: Landschaften, S. 162. Zur Ausbreitung der Landwirtschaft in den verschiedenen Regionen der Erde und die Auswirkungen auf die Menschheit sehr detailliert: Ponting: Green History, S. 36 – 66.

[11] Vgl. Bork: Landschaften, S. 163. Es kann hier nicht der Ort sein, an dem über den Begriff der neolithischen Revolution diskutiert wird. Ich verweise hier jedoch auf Ponting: Green History, S. 36f. Dagegen Küster: Geschichte, S. 72f. Zur Ausbreitung der Landwirtschaft in Europa siehe auch Abbildung 1 dieser Arbeit.

genetische Veränderung der Lebewesen[12]. Es begann die Umwandlung der Naturlandschaft zur Kulturlandschaft[13]. Die sesshafte Lebensweise verlangte nach festen und stabilen Behausungen. Für das dazu nötige Baumaterial konnten die in Mitteleuropa weit verbreiteten Wälder genutzt werden. Der Wald diente darüber hinaus auch als Weideplatz für die Tiere und sein Holz wurde auch zum Kochen und Heizen benutzt[14]. Die Bandkeramiker, deren Namen sich von den Verzierungen ihrer Keramik her ableitet[15], siedelten vornehmlich in den klimatischen Gunsträumen der mit Löss bedeckten Beckenlandschaften entlang der Donau, am mittleren Neckar, im südlichen Oberrheingraben, sowie im Alpenvorland. An diesen Standorten gediehen die von den Bandkeramikern angebauten Getreidesorten, vor allem Emmer und Gerste, besonders gut[16]. Darüber hinaus bauten die Bandkeramiker Hülsenfrüchte wie Erbsen und Linsen sowie Mohn an[17]. Die Folgen der Landnutzung durch die erste Landwirtschaft betreibende Kultur Europas waren enorm. Zum Einen schleppten die Bandkeramiker ihr Saatgut in die Region Mitteleuropa ein, was zu einer Veränderung der Vegetationsstruktur führte. Die Rodung der landwirtschaftlich genutzten Flächen hatte zum Anderen zur Folge, dass diese Areale ihren Vegetationsschutz verloren und es somit zur Abtragung der Humusschichten kam. Dadurch entstanden die ersten holozänen Auensedimente in Mitteleuropa[18]. Aufgrund von Nährstoffmangel in den Böden wurden die Flächen nur relativ kurz benutzt und konnten daher schnell wiederbewalden[19]. Weit größere Auswirkung als die relativ kleinflächige Rodung der Waldgebiete auf die Landschaft hatte dann auch die Waldweide. Die Bandkeramiker haben ihr Vieh nämlich vornehmlich in die Wälder zum Weiden getrieben. Dies hatte eine Vernichtung des Jungwuchses im Wald zur Folge und führte letztendlich zur Überalterung der genutzten Wälder[20].

Neben dem Ackerbau führten die Bandkeramiker auch die Domestizierung von Nutztieren in Europa ein, sieht man einmal von dem schon früher domestizierten Wolf ab. Besonders Rinder, ferner aber auch Schweine, Schafe und Ziegen standen dabei im Vordergrund[21]. Welche Auswirkung die Domestizierung von Tieren auf diese hat, zeigt ein Blick auf Abbildung 2 dieser Arbeit. Oben sind die wilden Ausgangsformen Auerochse, Wildschein

---

[12] Vgl. Bork: Landschaften, S. 162.
[13] Vgl. Friedmann, Umwandlung, S. 432.
[14] Vgl. Bork: Landschaften, S. 162.
[15] Vgl. Bick, Steinzeit, S. 34.
[16] Vgl. Eberle: Süden, S. 153.
[17] Vgl. Zerl: Landwirtschaft, S. 37.
[18] Vgl. Bork: Landschaftsentwicklung, S. 217.
[19] Vgl. ebd., S. 219.
[20] Vgl. Zerl: Landwirtschaft, S. 38.
[21] Vgl. Ramminger: Viehzucht, S. 75.

und Wildschaf abgebildet. Darunter die durch Zucht veränderten, etwa 25 % kleineren Formen. Diese Tiere wurden jedoch nicht in Mitteleuropa domestiziert, sondern waren bereits ca. 8000 v. Chr. in der Gegend des heutigen Syriens und der Südtürkei gezüchtet worden[22]. Die Einschleppung und spätere Verwilderung dieser Tierarten änderte die Fauna Mitteleuropas maßgeblich. Ein weiterer Eingriff in die Umwelt wurde durch die sesshafte Lebensweise der bandkeramischen Kultur verursacht. Ihre Behausungen haben enorme Größen von bis zu 50 m Länge und 10 m Breite erreicht. Die Wände bestanden aus mit Lehm verputztem Flechtwerk[23]. In den Häusern mit bis zu 500 m^2 Grundfläche lebte jeweils eine etwa sechsköpfige Familie. Die Bandkeramiker wohnten in kleinen Dörfern mit bis zu 10 Häusern[24], pro Dorf können wir also bis zu 60 Personen vermuten. Diese dorfähnlichen Anlagen und mehr noch die für die Versorgung der Bevölkerung notwendigen Felder haben daher eine recht große Ausdehnung. Ein Blick auf Abbildung 3 verdeutlicht, wie groß schon der Platzbedarf für eine relativ kleine Siedlung von 3 Häusern war. Besonders die Getreidefelder nahmen dabei einen Großteil der gerodeten Fläche ein. Nimmt man noch das Gebiet für die Waldweide hinzu, so haben bandkeramische Siedlungen auch mit relativ kleiner Bevölkerung eine überraschend große Fläche zum Leben benötigt. Das ganze Ausmaß der Landnutzung wird jedoch erst deutlich, wenn man das bandkeramische Siedlungssystem betrachtet. Es bestand aus Zentralorten mit einem Umfang von bis zu 10 Häusern, kleineren Häusergruppen (Weilern) und einigen Einzelhöfen. In den dicht besiedelten Gebieten in Südhessen und im Rheinland lagen die Zentralorte häufig weniger als 5 km voneinander entfernt[25]. Daher dürfte der Eingriff der Bandkeramiker in ihre Umwelt enorm gewesen sein.

Die Bandkeramische Kultur war von der heutigen Ukraine bis ins Pariser Becken in der Zeit zwischen 5500 und 5000 v. Chr. ausgebreitet und wies auch über diese große Entfernung ein erstaunliches Maß an Einheitlichkeit auf. Die Menschen wohnten in Häusern gleichen Baustils, benutzten die gleiche Art der Keramikherstellung und –verzierung und bauten die gleichen Getreidesorten an[26]. Der Untergang der bandkeramischen Kultur kann heute nur schwerlich rekonstruiert werden und soll hier auch nicht Bestandteil der Betrachtung sein. Einige archäologische Befunde weisen auf kriegerische Auseinandersetzungen hin, andere auf

---

[22] Vgl. ebd. S. 76.
[23] Vgl. Bick: Steinzeit, S. 34f.
[24] Vgl. ebd. S. 37.
[25] Vgl. Lüning: Häuser, S. 153.
[26] Vgl. Bick: Steinzeit, S. 115ff.

technologische Neuerungen[27]. Aufgrund der spärlichen Funde können wir heute aber nur darüber spekulieren, was letztendlich zu ihrem Niedergang geführt hat.

Abschließend lässt sich also festhalten, dass die frühesten Bauern Mitteleuropas enorm stark in ihre Umwelt eingegriffen und die Landschaft ihren Bedürfnissen entsprechend verändert haben. Neben der Rodung der Wälder für die Siedlungs- und Ackerbauflächen, was eine Abtragung des humosen Oberbodens zur Folge hatte, ist hier vor allem auf die Einschleppung fremden Saatguts und die Einführung schon domestizierter, aber für das steinzeitliche Mitteleuropa untypischer Tierarten hinzuweisen. Beides hat die Flora und Fauna Mitteleuropas stark verändert und bis heute geprägt. Betrachtet man darüber hinaus die weiträumige Ausbreitung der bandkeramischen Kultur vom Schwarzen Meer bis hin zum Ärmelkanal und bedenkt die Ausmaße der Siedlungsverbände besonders in den dicht besiedelten Regionen, so muss man zu dem Schluss kommen, dass schon die früheste Form der Landwirtschaft den sie umgebenden Raum stark beeinflusst und verändert hat.

3. 3. Die Römer im südlichen Mitteleuropa

Einiges spricht dafür, die Geschichte des römischen Germaniens und damit das Ausgreifen Roms ins südliche Mitteleuropa mit dem Kommando des Drusus von 12 – 9 v. Chr. beginnen zu lassen[28]. Nach zwar meist siegreichen Schlachten, jedoch ohne dauerhaften Landgewinn, gaben die Römer den Plan auf, ganz Germanien zu erobern und beschränkten ihre Herrschaft auf die Gebiete in Rheinnähe sowie auf das Land unterhalb der Donau[29].

Zur Sicherung dieser Gebiete errichteten die Römer den obergermanisch-rätischen Limes, der ungefähr entlang von Rhein und Donau verlief und diese Flüsse zuerst durch die Wetterau in der Nähe des heutigen Frankfurt/M., später in der Nähe des Bodensees miteinander verband[30]. Noch heute ist dieser Grenzverlauf quer durch das südliche Deutschland an vielen Stellen als markante Erhebung in der Landschaft sichtbar (siehe dazu Abb. 5 dieser Arbeit).

Mit der römischen Eroberung und Besiedlung des südlichen Mitteleuropas gingen einige bedeutsame Veränderungen in der Landschaft und der Landnutzung einher. Zur Sicherung der Grenzen wurden Militärlager, aus denen häufig auch zivile Siedlungen hervorgingen, gegründet. Handelsstraßen wurden angelegt und Wasserleitungen gebaut. Im Folgenden soll kurz auf diese drei Aspekte, die die Landschaft zu dieser Zeit prägten, eingegangen werden.

---

[27] Vgl. ebd. S. 122ff.
[28] Vgl. Raepsaet-Charlier: Germanien, S. 165.
[29] Vgl. ebd. S. 167.
[30] Vgl. Küster: Geschichte, S. 152. Siehe dazu auch Abb. 4 dieser Arbeit.

3. 3. 1. Römische Siedlungen und ihre Auswirkung auf die Umgebung

Die wohl gravierendsten Einschnitte in den südlichen Teil Mitteleuropas nehmen das römische Städtewesen und die damit einhergehenden veränderten Bedürfnisse der Menschen an diesem Raum ein. Zur Grenzsicherung wurde entlang des Limes eine große Anzahl von Soldaten stationiert und dort auch angesiedelt (siehe die hohe Anzahl an Lagern entlang des Limes auf Abb. 4 dieser Arbeit). Um die Versorgung der Legionäre gewährleisten zu können, mussten ebenfalls viele Zivilpersonen in diesem Gebiet angesiedelt werden[31]. In der Nähe dieser Militärlager entwickelten sich kleine Siedlungen und Dörfer. Die Römer legten auch größere Städte an, um das Gebiet administrativ zu erschließen und die Romanisierung der indigenen Bevölkerung voranzutreiben. Einige dieser neugegründeten Städte haben die Wirren der nachrömischen Zeit überstanden und sind auch heute noch wichtige Städte, so zum Beispiel Köln und Mainz. Diese „militärische Urbanisierung" führte zum Sesshaftwerden der indigenen Bevölkerung[32]. Erstmals in der Geschichte Mitteleuropas lassen sich somit zusammen auf engem Raum wohnende Menschenmassen nachweisen[33]. Da Soldaten und angesiedelte Zivilpersonen entsprechend versorgt werden mussten, führte dies zu intensivierter Landwirtschaft und Viehzucht.

Vorherrschende Form der Landwirtschaft war in Germanien der Villenbetrieb. Unter einer Villa muss man sich einen arrondierten Betrieb in der Landschaft vorstellen[34]. Die *villae rusticae* wurden vor allem in den fruchtbaren Lössgebieten in der Pfalz, der Wetterau, am Neckar und im Nördlinger Rieß angelegt. Besonders im 1. und 2. nachchristlichen Jahrhundert ist eine starke Zunahme dieser landwirtschaftlichen Betriebsform festzustellen. Die Römer bauten vor allem Obst in großen Obstgärten an, so zum Beispiel Äpfel, Birnen, Kirschen oder auch Nüsse. Besonders interessant ist der Fall der Esskastanie. Die Römer führten diese Frucht in Germanien ein, sie verwilderte und ist heute in vielen Wäldern des Oberrheingebietes heimisch geworden. Des Weiteren etablierten die Römer den Weinanbau im südlichen Mitteleuropa, vor allem aber im Moselgebiet. Darüber hinaus bauten sie vermehrt Weizen an und verbesserten die Viehzucht[35]. Wenn wir der Germania von Tacitus Glauben schenken dürfen, dann war das Vieh der Germanen eher kleinwüchsig und unansehnlich[36]. Die Römer führten größere und kräftigere Rinder in dieser Gegend ein. Für

---

[31] Vgl. Küster: Geschichte, S. 154.
[32] Vgl. Raepsaet-Charlier: Germanien, S. 167.
[33] Vgl. Küster: Geschichte, S. 154.
[34] Vgl. ebd. S. 159.
[35] Vgl. ebd. S. 160.
[36] Vgl. Tacitus, Germania, 5.

die Stallhaltung benötigten sie jedoch hochwertiges Futter. Dafür legten sie große Wiesen und Weideflächen an[37].

Besonders im Alpenraum wurde Tannenholz geschlagen, welches als Baumaterial und zur Herstellung von Fässern im ganzen Römischen Imperium verwandt wurde[38]. Betrachtet man die auf Abbildung 7 dieser Arbeit dargestellte Landschaftsgliederung des südwestlichen Mitteleuropas so fällt der hohe Anteil von Waldgebieten auf. Außerdem lassen sich im Gebiet des Oberrheingrabens einige Sumpfgebiete ausmachen. Die Siedlungsräume scheinen sich ebenfalls hauptsächlich in der Nähe des Oberrheingrabens und entlang des Limes geballt zu haben. Außerdem fällt das dichte Straßennetz der Römer auf, welches nun genauer betrachtet wird.

3. 3. 2. Das römische Straßen- und Wasserleitungsnetz

Die Römer transportierten ihre Waren hauptsächlich auf den großen Flüssen. Das gut ausgebaute Straßennetz diente zuerst vor allem der militärischen Nutzung, sprich der schnellen Truppenverlagerung. Später wurde es dann aber für den Handel genutzt[39]. In seinen Grundzügen folgte das römische Straßennetz schon älteren Einzelwegen, die jedoch befestigt, ausgebaut und zu einem Verkehrsnetz gefügt wurden[40]. Sofern möglich, legte die Römer ihre Straßen schnurgerade an. In gebirgigen Gebieten wurde hingegen versucht, die Steigung mit minimalem Aufwand zu überwinden. Daher befinden sich die römischen Pässe häufig in der Nähe von Flüssen oder aber auf möglichst flachen Satteln[41]. Das Straßennetz der Römer war so gut ausgebaut, dass es in seinen Grundzügen viele Jahrhunderte überdauerte und noch heute an vielen Stellen sichtbar ist[42].

Für die Versorgung ihrer Städte bauten die Römer riesige Wasserleitungen, die sogenannten Aquädukte. Die Wasserleitung, die die Stadt Köln mit Frischwasser aus der Eifel versorgte, war eine der größten Aquädukte des Imperiums und gilt als das größte antike Bauwerk nördlich der Alpen. Betrachtet man Abbildung 8, fällt schnell auf, welch enormen Platzbedarf und wie viel Baumaterial eine solche Wasserleitung benötigte, wie stark also durch ihre Errichtung in die Umwelt eingegriffen und die Landschaft dadurch verändert wurde.

---

[37] Vgl. Küster: Geschichte, S. 161.
[38] Vgl. ebd.
[39] Vgl. Herz: Kaiserzeit, S. 346.
[40] Vgl. Küster: Geschichte, S. 158.
[41] Vgl. ebd. S. 156.
[42] Vgl. ebd. S. 158. Siehe dazu auch Abbildung 7 dieser Arbeit.

Zusammenfassend lässt sich feststellen, dass die Römer die Landschaft Mitteleuropas von den hier betrachteten Kulturen am stärksten beeinflusst und verändert haben. Die Einfuhr neuer Arten in der Landwirtschaft wie Wein oder die Esskastanie sind in dieser Region heimisch geworden. Besonders der Weinanbau prägt auch heute noch die Landwirtschaft im südwestlichen Raum Deutschlands, während die Esskastanie, nachdem sie verwildert ist und sich ausgebreitet hat, charakteristisch für viele Wälder Südwestdeutschlands geworden ist. Die wohl größten Veränderungen im Landschaftsbild aber haben die Römer durch ihre Bautätigkeit hinterlassen. Durch sie wurden die ersten großen Städte nördlich der Alpen gegründet, von denen einige auch heute noch große Bedeutung besitzen. Auch der obergermanisch-rätische Limes hat seine Spuren in der Landschaft bis heute hinterlassen. Das römische Straßen- und Wasserleitungsnetz war ebenfalls ein enormer Eingriff in die Natur. Aus der Luft sind viele der alten Römerstraßen, die heute häufig unter Feldern verlaufen, noch immer zu erkennen. Andere wichtige Routen werden dagegen immer noch als wichtige Fernverkehrsstraßen genutzt.

4. Die anthropogenen Veränderungen der Landschaft Mitteleuropas

Nachdem nun ein Blick auf zwei Kulturen und ihre Art der Landnutzung und der daraus resultierenden Landschaftsveränderung geworfen wurde, soll nun versucht werden zu rekonstruieren, wie stark der anthropogene Einfluss auf die Landschaft Mitteleuropas in vormittelalterlicher Zeit als Ganzes gewesen ist.

In Mitteleuropa herrschten seit etwa 8000 v. Chr. ungefähr die heutigen Klimabedingungen[43]. Mit der Klimaerwärmung ging auch eine Veränderung der Vegetation einher. Die im Spätglazial vorherrschende Gräser- und Kräutervegetation wurde durch eine Holzvegetation abgelöst. Mit der Zeit schlossen sich einzelne Gehölze zu Gehölzgruppen und schließlich zu Wäldern zusammen[44]. Vor allem Birken und Kiefern breiteten sich von Süddeutschland über den Norden Mitteleuropas aus. Haselbüsche breiteten sich ebenfalls aus und bildeten ganze Haselwälder. Die Fichte wurde ebenfalls ein integraler Bestandteil der Wälder Mitteleuropas[45]. Eichen, Ulmen, Linden und Eschen waren ebenfalls typischer Baumbewuchs[46].

---

[43] Vgl. Küster: Geschichte, S. 59.
[44] Vgl. ebd. S. 61f.
[45] Vgl. ebd. S. 63f.
[46] Vgl. ebd. S. 66.

Viele der nacheiszeitlichen Seen verlandeten und wurden zu Niedermooren[47]. Neben den dichten Wäldern mit nur sehr wenigen Lichtungen waren Moore ein charakteristisches Merkmal des vormittelalterlichen Mitteleuropas.

Ein weiteres Merkmal der Naturlandschaft ist entgegen der Kulturlandschaft der fehlende Waldrand als klare Abgrenzung zwischen Wald und offener Landschaft. Die Übergänge waren vielmehr fließend. Der Waldrand wie wir ihn heute kennen und wie er charakteristisch ist für unsere heutige Landschaft ist ein anthropogenes Produkt zur klaren Abgrenzung von Wald und Bauernland[48].

Die Entwicklung der Natur- zur Kulturlandschaft ist dann eine Folge der Einführung des Ackerbaus und der Viehhaltung und hat die Landschaft Mitteleuropas maßgeblich beeinflusst. Im Mesolithikum, der Mittelsteinzeit, war der Einfluss des Menschen noch relativ gering. Es wurden die vorhandenen Wildarten wie Auerochse, Wildschwein und Rehe gejagt, Fische gefangen und Früchte, Beeren und Nüsse gesammelt. Darüber hinaus wurden auch schon Bäume für erste handwerkliche Arbeiten gefällt.

Mit dem Übergang von der wildbeuterischen zur produzierenden Arbeitsweise im Neolithikum verstärkte sich der anthropogene Einfluss auf die Umwelt allerdings enorm[49]. Die Landwirtschaft und die damit verbunden Rodungen ließen den Wald an einigen Stellen lichter werden. Die Viehzucht und die Waldweide hatten ebenfalls einen großen Einfluss auf die Struktur der Wälder. Weitaus größeren Effekt dürften aber die Einschleppung neuer Samen- und Tierarten gehabt haben. Die Ausbreitung der sesshaften Siedlungsstruktur hat ebenfalls dazu beigetragen, dass sich der Waldbestand weiter verringerte (siehe Kapitel 3. 1. dieser Arbeit). Auch wenn die Bedeutung von Ackerbau und Viehzucht im Verlauf des Neolithikums immer weiter zunahm, so bleibt doch festzuhalten, dass ein Großteil des Gebietes weiterhin durch dichten Waldwuchs gekennzeichnet war. Somit sind nicht die Rodungen und dadurch ausgelöste Abtragungen des Oberbodens der größte menschliche Einfluss im Neolithikum, sondern vielmehr die Einschleppung neuer Arten.

In der mitteleuropäischen Bronzezeit, je nach Region unterschiedlich von ungefähr 2200 bis 800 / 550 v. Chr., blieb die Landwirtschaft zwar weiterhin der bedeutendste Wirtschaftszweig, jedoch führte die Fähigkeit, Bronze zu verarbeiten zu großen Veränderungen nicht nur in der Gesellschaft, sondern vor allem auch in der Landschaft. Zum Einen veränderten die

---

[47] Vgl. ebd. S. 68.
[48] Vgl. ebd. S. 70.
[49] Vgl. Bork: Landschaften, S. 163.

Ausbeutung der Kupfer- und Zinnwerkstätten und die für die Metallverarbeitung notwendige Holzbeschaffung stark die Mittelgebirgslandschaften. Zum Anderen konnte die Landwirtschaft durch den Einsatz von Kupfergeräten intensiviert werden, was die weiter oben angesprochenen Einflüsse auf die Landschaft noch verstärkte und besonders eine Vertiefung der Bodenabtragung zur Folge hatte. Ein weiterer Faktor der Landschaftsveränderung durch die Einfuhr von Bronze war der Ausbau der Infrastruktur, da seit der Bronzezeit für Mitteleuropa ein intensivierter Handel nachgewiesen werden kann[50]. Somit wurden erstmals künstlich angelegte Wege im großen Stil quer durch Mitteleuropa gebaut.

In der Eisenzeit, die regional verschieden begann (im Süden Deutschlands bereits um 800 v. Chr., im Norden um etwa 550 v. Chr.), konnten durch den Einsatz neuer technischer Geräte wie dem Streichbrettpflug auch lehmige Böden für die Landwirtschaft genutzt werden. Der Einsatz erster Düngemittel ist ebenfalls belegt[51]. Auch wenn die Landwirtschaft nun noch mehr intensiviert wurde und die Bevölkerung kontinuierlich wuchs, so ist der Großteil des Gebietes immer noch bewaldet, auch wenn sich der Anteil von Primärwald gegenüber Sekundärwald stark vermindert haben dürfte. Besonders in den Gegenden Südwest- und Westdeutschlands, in denen die Römer gesiedelt haben, sind aber enorme Veränderungen an der Landschaft zu konstatieren. Vor allem die rege Bautätigkeit (Straßen- und Wasserleitungen) sowie die vermehrten Stadtgründungen, aber auch eine Intensivierung der Landwirtschaft, die auf der fortschrittlichen Technologie der Römer basierte, haben die Landschaft Mitteleuropas stark beeinflusst (siehe Kapitel 3. 2. dieser Arbeit).

Die letzte Epoche im Betrachtungszeitraum dieser Arbeit ist die Zeit der sogenannten Völkerwanderung. Bork bezeichnet diese Ära als die letzte Waldzeit Mitteleuropas. Kennzeichnend ist ein starker Bevölkerungsrückgang durch Seuchen, Epidemien und kriegerische Auseinandersetzungen. Eine verstärkte Wanderungsbewegung vieler Ethnien kennzeichnet diese Epoche in Mitteleuropa. Nur noch wenige Areale wurden dauerhaft landwirtschaftlich genutzt und nur an einigen Stellen konnten Ackerbau- und Siedlungskontinuität von der Eisenzeit zum Mittelalter nachgewiesen werden. Eine reiche Wiederbewaldung Mitteleuropas war die Folge[52]. Dieser Zustand hielt bis ins siebte, achte, in einigen Regionen auch noch spätere Jahrhundert an. Die folgende Landnutzung und der damit verbundene Landschaftswandel sind jedoch nicht mehr Bestandteil des Betrachtungszeitraumes und werden an anderer Stelle genauer erläutert.

---

[50] Vgl. Bork: Landschaften, S. 164f.
[51] Vgl. ebd. S. 165.
[52] Vgl. ebd. S. 166.

5. Zusammenfassung

Wie gezeigt, hat der Mensch seit der Einführung der Landwirtschaft einen enormen Einfluss auf die Gestaltung und die Veränderung seiner Umwelt. So gibt es zwar auch schon im Mesolithikum punktuelle Eingriffe in die Landschaft, diese waren jedoch nicht von prägender oder gar dauerhafter Bedeutung. Erst durch die verstärkte Nutzung der ehemaligen Waldböden zum Ackerbau und der intensiven Viehhaltung, besonders die Waldweide, durch die Rodung von Waldgebieten, um Acker- und Siedlungsfläche zu gewinnen, durch den Abbau von Metallen in den Mittelgebirgen und die Anlage großräumiger Städte und Infrastrukturprojekte hat der Mensch im Laufe der Zeit immer stärker in seine Umwelt eingegriffen und sich diese Untertan gemacht. Dass diese Eingriffe mit dem Beginn des Mittelalters nicht aufhören, sondern sich vielmehr noch verstärken, versteht sich dabei von selbst. Heutzutage können wir davon ausgehen, dass es in Mitteleuropa keine Naturlandschaft mehr gibt, sondern der Einfluss des Menschen alle Regionen erfasst hat und auch uns natürlich vorkommende Wälder Teil einer Kulturlandschaft sind. Die starke Einengung der Flora und Fauna auf einige, nutzbare Arten ist dabei ebenfalls ein direkter, teilweise gewollter Eingriff des Menschen. Nur Tierarten, die ihm nicht gefährlich werden können und fast ausschließlich Pflanzen, die ihm selbst von Nutzen sind, duldet er in seiner direkten Umgebung. Gräser und Kräuter, die auf seinen Feldern wachsen, er aber nicht angebaut hat, werden als Unkraut definiert und vernichtet.

Dass aber nicht nur der Mensch der Neuzeit, speziell der moderne Mensch, seine Umwelt stark belastet und verändert, sondern schon die Menschen der Steinzeit einen nicht zu unterschätzenden Einfluss auf die Gestaltung der Landschaft hatten, ist die vielleicht bemerkenswerteste Erkenntnis dieser Arbeit. Das darf natürlich nicht darüber hinwegtäuschen, dass die Umweltveränderung und –zerstörung seit der Steinzeit in einem bedenklichen Maße gestiegen ist. Jedoch scheint die Menschheit gar nicht in der Lage zu sein, anstatt neben der Natur mit der Natur zu leben, zumal bei einer Weltbevölkerung von über 6 Milliarden Menschen. Wie die Zukunft der Natur und damit auch die Zukunft des Menschen aussieht, liegt aber auch in seinen Händen.

6. Abbildungen

Abb. 1: Ausbreitung des frühesten Ackerbaus in Europa

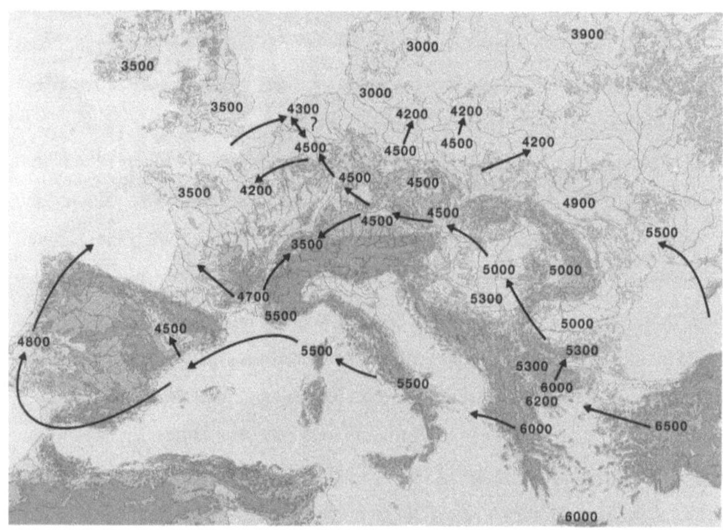

Quelle: Küster: Geschichte, S. 73.

Abb. 2: Folgen der Domestikation von Tieren

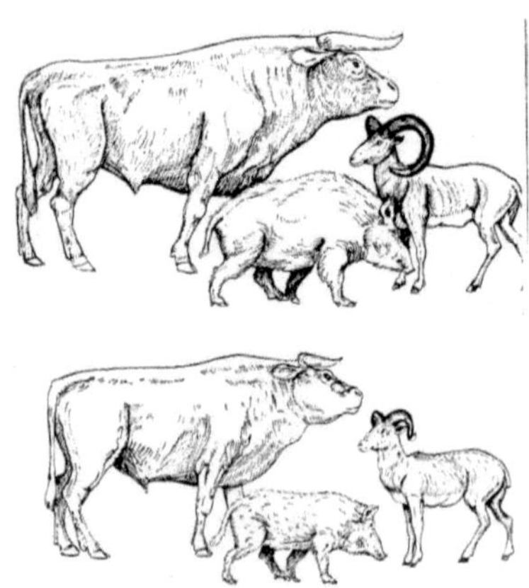

Quelle: Lüning: Bandkeramik, S. 29.

Abb. 3: Bauernsiedlung (ca. 5500 v. Chr.) in Schwanfeld, Kreis Schweinfurt (Unterfranken)

Quelle: Lüning: Bandkeramik, S. 28.

Abb. 4: Der obergermanisch-rätische Limes

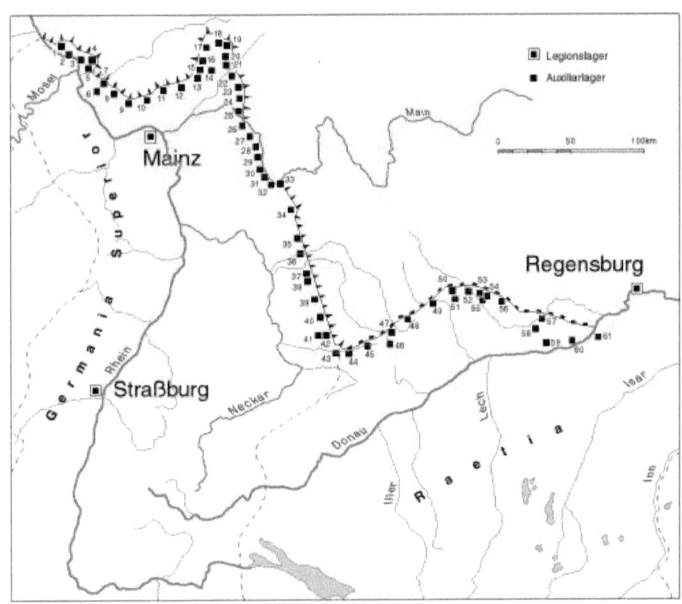

Quelle: http://www.limes-in-deutschland.de/kastelle.html

Abb. 5: Überreste des Limes bei Burgsalach

Quelle: http://www.archaeologie-online.de/de/magazin/thema/der_limes/welterbe_limes/seite_2/

Abb. 6: Alte Römerstraße bei Klais, Kreis Garmisch Partenkirchen

Quelle: http://de.wikipedia.org/wiki/Bild:Roemerstrasse_bei_Klais.jpg

Abb. 7: Südwestdeutschland in römischer Zeit

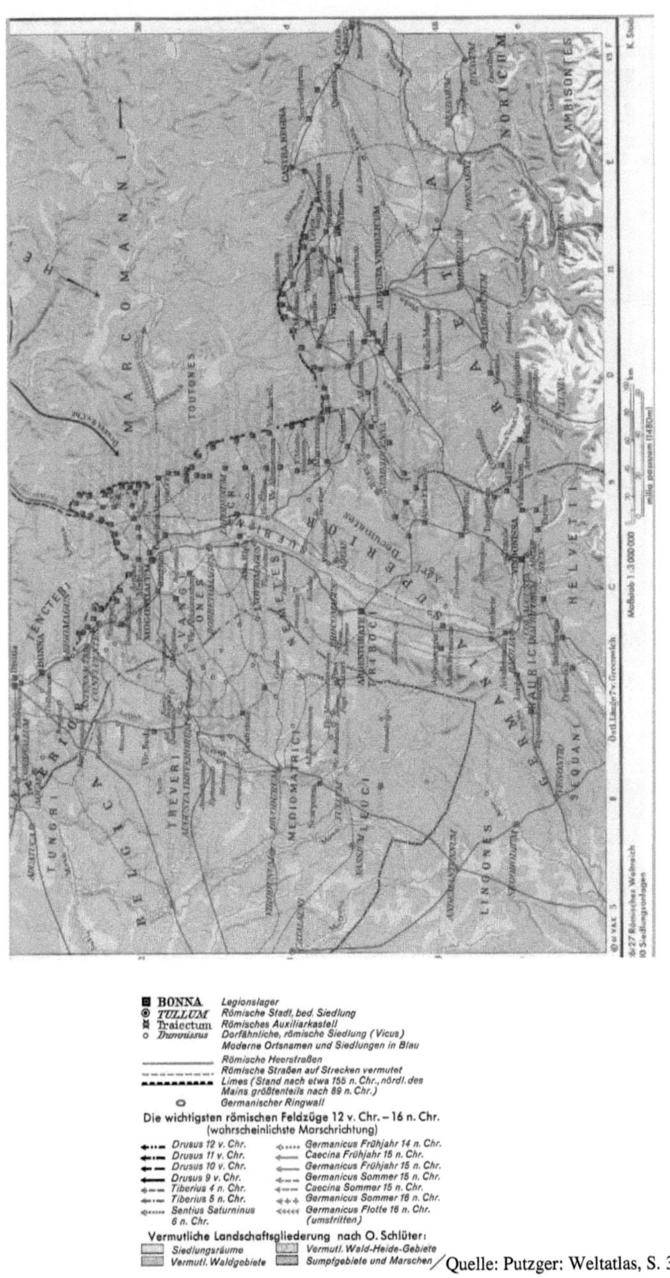

Quelle: Putzger: Weltatlas, S. 30f.

Abb. 8: Wasserleitung in der Eifel

Quelle: http://www.fotocommunity.de/pc/pc/pcat/270829/display/8434253

7. Literaturverzeichnis

Bick, Almut: Die Steinzeit, Stuttgart 2006.

Bork, Hans-Rudolf: Landschaften der Erde unter dem Einfluss des Menschen, Darmstadt

2006.

Ders.: Landschaftsentwicklung in Mitteleuropa. Wirkungen des Menschen auf Landschaften,

Gotha – Stuttgart 1998.

Brückner, Helmut / Renate Gerlach: Geoarchäologie, in: Geographie. Physische

Geographie und Humangeographie, hg. v. Hans Gebhardt u.a., München 2007, S. 513
– 516.

Bund für Naturschutz (Hrsg.): Hintergrundinfo. Daten zur Natur 2008, abrufbar unter:

http://www.bfn.de/fileadmin/MDB/documents/presse/DzN_2008_Hintergrundpapier_210408.pdf

zuletzt abgerufen am 22.06.08

Dix Andreas / Winfried Schenk: Historische Geographie, in: Geographie. Physische

Geographie und Humangeographie, hg. v. Hans Gebhardt u.a., München 2007, S. 816
– 829.

Eberle, Joachim: Deutschlands Süden. Vom Erdmittelalter zur Gegenwart, Berlin –

Heidelberg 2007.

Friedmann, Arne: Vegetationsentwicklung im Spät- und Postglazial Mitteleuropas, in:

Geographie. Physische Geographie und Humangeographie, hg. v. Hans Gebhardt u.a.,
München 2007 S. 429 – 433.

Herz, Peter: Die römische Kaiserzeit (30 v. Chr. – 284 n. Chr.), in: Geschichte der Antike. Ein

Studienbuch, hg. v. Hans-Joachim Gehrke / Helmut Schneider, Stuttgart 2000, S. 301
– 375.

Küster, Hansjörg: Geschichte der Landschaft in Mitteleuropa. Von der Eiszeit bis zur

Gegenwart, München 1995.

Leisering, Walter (Hrsg.): Putzger. Historischer Weltatlas [102]1997 Berlin.

Lüning, Jens: Bandkeramik – jüngere Steinzeit – Neolithikum. Eine Einführung, in: Die

Bandkeramiker. Erste Steinzeitbauern in Deutschland. Bilder einer Ausstellung beim
Hessentag in Heppenheim / Bergstraße im Juni 2004, hg. v. Jens Lüning, Rahden
2005, S. 25 – 36.

Ders.: Große Häuser in großen und kleinen Dörfern. Die bandkeramischen Häuser und

ihre Erbauer, in: Die Bandkeramiker. Erste Steinzeitbauern in Deutschland. Bilder
einer Ausstellung beim Hessentag in Heppenheim / Bergstraße im Juni 2004, hg. v.
Jens Lüning, Rahden 2005, S. 139 – 168.

Ponting, Clive: A new green history of the world. The environment and collapse of great

civilizations, [2]2007.

Raepsaet-Charlier, Marie-Therese: Gallien und Germanien, in: Rom und das Reich. Die

Regionen des Reiches, hg. v. Claude Lepelley, Hmburg 2006, S. 151 – 210.

Ramminger, Britta: Die Viehzucht. Viel Arbeit mit den Haustieren, in: Die Bandkeramiker.

Erste Steinzeitbauern in Deutschland. Bilder einer Ausstellung beim Hessentag in
Heppenheim / Bergstraße im Juni 2004, hg. v. Jens Lüning, Rahden 2005, S. 75 – 79.

Tacitus, Publius Cornelius: Germania, in: Sämtliche erhaltene Werke, hg. v. Andreas Schäfer,

Essen 2004, S. 69 – 91.

Wolfram, Herwig: Die Germanen, München [8]2005.

Zerl, Tanja / Christoph Herbig / Astrid Schweizer: Eine bäuerliche Landwirtschaft mit

Feldbau und Viehzucht. Bauern schaffen die erste Kulturlandschaft, in: Die
Bandkeramiker. Erste Steinzeitbauern in Deutschland. Bilder einer Ausstellung beim
Hessentag in Heppenheim / Bergstraße im Juni 2004, hg. v. Jens Lüning, Rahden
2005, S. 37 - 43.